DESPERTANDO O POTENCIAL QU

Desafios para Equilibrar sua
Inteligência Universal Sincrônica

KATIA DORIA FONSECA VASCONCELOS

Dedicatória:

Aos meus amados filhos, Mario (Teik), Bruna, Victor e Bárbara, que são a inspiração e o motivo de minha busca incessante pelo conhecimento. Vocês são minha força e motivação para compartilhar minhas ideias e experiências.

Ao meu marido José de Vasconcelos Filho, cuja colaboração e apoio foram fundamentais na criação deste livro. Sua dedicação e suporte inabaláveis são um presente precioso em minha vida.

Aos meus queridos netos, Davi, Vivi e João Gabriel, que representam a continuidade de nossas histórias e a esperança de um futuro brilhante. Que este livro possa inspirá-los a explorar suas paixões e a buscar a verdade em todas as coisas.

Aos meus genros e noras, Nikolas Bucvar, Eduardo, Jana e Jacque, que fortalecem nossa família com seu amor, apoio e contribuições valiosas.

Agradeço por fazerem parte dessa jornada e por compartilharem suas perspectivas e experiências enriquecedoras.

Que esteja dedicado a todos vocês, minha amada família, com todo o meu amor e gratidão.

Katia Doria Fonseca Vasconcelos

SUMÁRIO

APRESENTAÇÃO DO CONCEITO DO QU: QUOCIENTE DE INTELIGÊNCIA UNIVERSAL SINCRÔNICO

O sucesso humano é impulsionado pelo equilíbrio do QU (Quociente de Inteligência Universal Sincrônico), um conceito respaldado por pesquisas científicas e estudos de caso. Diversos estudos exploraram os aspectos do QU e seus efeitos em diferentes áreas da vida humana.

Um estudo conduzido por pesquisadores da Universidade de Stanford revelou a importância do desenvolvimento da resiliência e do controle emocional na obtenção de resultados positivos em carreiras e relacionamentos. Essa pesquisa demonstrou como a capacidade de lidar com adversidades e controlar as emoções contribui para a tomada de decisões acertadas e a construção de relacionamentos saudáveis e produtivos.

Clayton Christensen, renomado professor de Administração de Empresas em Harvard, destaca que a inovação disruptiva requer uma mudança de abordagem e a superação de paradigmas ultrapassados. Ele ressalta que o sucesso está em abraçar a mudança e adaptar-se rapidamente às novas circunstâncias.

Daniel Kahneman, psicólogo e economista ganhador do Prêmio Nobel, nos lembra que nossas decisões são influenciadas pela forma como vemos os problemas.

Ao adotarmos uma perspectiva positiva e encararmos os desafios como oportunidades de aprendizado, podemos tomar decisões mais acertadas e alcançar resultados superiores. A teoria da inteligência emocional, desenvolvida por Daniel Goleman, também se alinha ao conceito do QU, enfatizando a importância do equilíbrio emocional para o sucesso pessoal e profissional.

Howard Gardner, renomado psicólogo e professor da Harvard Graduate School of Education, destaca a importância de equilibrar e desenvolver todas as nossas inteligências. Ele nos encoraja a reprogramar nossa abordagem educacional, valorizando não apenas a inteligência lógico-matemática, mas também a

8

inteligência emocional, musical, espacial e outras, permitindo-nos explorar todo o nosso potencial.

Esses grandes nomes, juntamente com outros defensores do pensamento inovador, reforçam a importância de adotar uma nova perspectiva diante dos problemas. Ao equilibrarmos nossos potenciais por meio da visão 360, resiliência, adaptabilidade, sincronicidade e controle emocional, estaremos preparados para enfrentar os desafios com confiança, criatividade e eficácia. Essa abordagem também se relaciona com outras teorias e conceitos relevantes, como a teoria do crescimento de Carol Dweck, que destaca a importância de uma mentalidade de crescimento na busca pelo sucesso.

Neste livro, exploraremos de forma abrangente os princípios do QU e como eles se relacionam com diferentes áreas da vida humana. Analisaremos pesquisas científicas, estudos de caso inspiradores e teorias relevantes para fornecer uma visão ampla e fundamentada sobre o equilíbrio do QU e seu impacto no sucesso pessoal e profissional.

Agora, vamos mergulhar na exploração dos cinco princípios do QU: Visão 360, Resiliência, Adaptabilidade, Sincronicidade e Controle Emocional.

Cada um desses princípios desempenha um papel fundamental na busca do equilíbrio e no desenvolvimento de seus potenciais.

Visão 360: A Visão 360 envolve ter uma perspectiva ampla e abrangente de todas as dimensões de sua vida. É a capacidade de enxergar além do óbvio, de compreender as interconexões entre diferentes áreas e de identificar oportunidades que outros podem não perceber. Nos desafios relacionados à Visão 360, você será estimulado a explorar diferentes ângulos e considerar diferentes perspectivas para tomar decisões informadas.

Resiliência: A Resiliência é a capacidade de lidar com adversidades, superar obstáculos e se recuperar rapidamente de situações desafiadoras. É a habilidade de se adaptar diante de mudanças e continuar avançando, mesmo diante de dificuldades. Nos desafios de Resiliência, você será desafiado a enfrentar situações difíceis, aprender com elas e encontrar maneiras de se fortalecer diante das adversidades.

Adaptabilidade: A Adaptabilidade é a habilidade de se ajustar e se adaptar a diferentes circunstâncias e demandas. É a capacidade de ser flexível, aberto a mudanças e disposto a experimentar novas abordagens. Nos desafios de Adaptabilidade, você será desafiado a sair da sua zona de conforto, experimentar novas formas de fazer as coisas e se adaptar às mudanças em seu ambiente.

Controle Emocional: O Controle Emocional envolve a capacidade de gerenciar suas emoções de forma eficaz, especialmente em situações de pressão e estresse. É a habilidade de manter a calma, tomar decisões racionais e lidar com os desafios de forma equilibrada. Nos desafios de Controle Emocional, você será desafiado a reconhecer suas emoções, desenvolver estratégias para lidar com elas e manter o equilíbrio emocional em situações desafiadoras.

Sincronicidade: A Sincronicidade refere-se à harmonia e coordenação de suas ações no ambiente em que você está inserido. É a habilidade de sincronizar suas tarefas, projetos e objetivos para obter um fluxo de trabalho eficiente e eficaz. Nos desafios de Sincronicidade, você será desafiado a organizar suas atividades, estabelecer prioridades e encontrar maneiras de otimizar seu tempo e recursos.

Ao longo deste livro, exploraremos cada um desses princípios em detalhes, apresentando desafios práticos, perguntas reflexivas e exercícios que o ajudarão a desenvolver suas habilidades e equilibrar seus potenciais.

Prepare-se para uma jornada de autodescoberta, crescimento pessoal e ativação plena do seu QU!

Lembre-se, o equilíbrio desses

princípios é fundamental para alcançar resultados extraordinários em todas as áreas da sua vida. Vamos explorar, desafiar e desenvolver o melhor de você. Estamos empolgados em acompanhá-lo nessa jornada transformadora!

PREPARANDO-SE PARA OS DESAFIOS

Orientações sobre como se preparar para os desafios apresentados no livro Dicas para fortalecer os princípios do QU antes de enfrentar os desafios

No capítulo anterior, exploramos os princípios do QU e sua importância no equilíbrio e no desenvolvimento de nossos potenciais. Agora, vamos nos concentrar em como você pode se preparar de maneira eficaz para enfrentar os desafios propostos neste livro. Aqui estão algumas orientações e dicas úteis para fortalecer os princípios do QU antes de embarcar nessa jornada transformadora:

17

Estabeleça uma mentalidade de crescimento: Acredite que suas habilidades e capacidades podem ser desenvolvidas ao longo do tempo. Cultive uma mentalidade de crescimento, na qual você vê os desafios como oportunidades de aprendizado e crescimento pessoal. Isso ajudará a manter uma abordagem positiva e motivada ao enfrentar os desafios propostos.

Faça uma avaliação de suas habilidades atuais: Antes de começar os desafios, reserve um tempo para avaliar suas habilidades e conhecimentos relacionados aos princípios do QU. Identifique áreas nas quais você se sente mais forte e áreas que precisam de mais desenvolvimento. Isso permitirá que você se concentre em fortalecer os pontos fracos e ampliar seus pontos fortes.

Defina metas específicas: Estabeleça metas claras e específicas para cada um dos princípios do QU. Por exemplo, se você está trabalhando na resiliência, defina uma meta que envolva enfrentar um desafio significativo e superar as adversidades com determinação e positividade. Metas específicas ajudam a direcionar seus esforços e fornecem uma medida clara de progresso.

Crie um plano de ação: Desenvolva um plano de ação detalhado para fortalecer cada um dos princípios do QU. Identifique atividades, exercícios ou práticas específicas que possam ajudá-lo a desenvolver essas habilidades. Por exemplo, se você está trabalhando na adaptabilidade, pode se desafiar a experimentar diferentes abordagens em suas tarefas diárias ou participar de atividades que o levem a sair da sua zona de conforto.

Busque recursos e ferramentas: Procure recursos, livros, cursos online ou outras ferramentas que possam fornecer conhecimento adicional e orientação sobre os princípios do QU. Aprender com especialistas e explorar diferentes perspectivas enriquecerá sua compreensão e oferecerá insights valiosos para sua jornada de fortalecimento.

Pratique a autorreflexão e o

autoaperfeiçoamento: Reserve um tempo regularmente para refletir sobre seu progresso e aprendizado. Avalie seu desempenho nos desafios anteriores, identifique áreas de melhoria e defina estratégias para desenvolver suas habilidades. A autorreflexão e o autoaperfeiçoamento contínuos são fundamentais para o crescimento pessoal e o fortalecimento dos princípios do QU.

Construa uma rede de apoio: Encontre pessoas que compartilham interesses semelhantes e buscam desenvolver os princípios do QU. Conecte-se com essas pessoas, participe de grupos de discussão, fóruns online ou encontros presenciais. Ter uma rede de apoio proporcionará oportunidades de compartilhamento de experiências, aprendizado conjunto e apoio mútuo ao longo de sua jornada.

Lembre-se de que se preparar adequadamente para os desafios é tão importante quanto enfrentá-los. Ao seguir essas orientações e dicas, você fortalecerá seus princípios do QU e se preparando para uma experiência enriquecedora e transformadora. Esteja aberto para aprender, crescer e se superar. Estamos aqui para apoiá-lo em sua jornada de autodescoberta e desenvolvimento dos potenciais.

DESAFIO DE PROJETO

Apresentação de desafios relacionados ao planejamento e execução de projetos Perguntas e exercícios práticos para testar e desenvolver habilidades de organização, gerenciamento de recursos e pensamento estratégico

No capítulo anterior, discutimos a importância de se preparar para os desafios apresentados neste livro. Agora é hora de colocar em prática o conhecimento adquirido e enfrentar o primeiro desafio: o Desafio de Projeto.

O Desafio de Projeto é projetado para testar suas habilidades de planejamento, organização e execução de projetos. Ao enfrentar esse desafio, você terá a oportunidade de aplicar os

24

princípios do QU - Visão 360, Resiliência, Adaptabilidade, Controle Emocional e Sincronicidade - em um contexto real.

A seguir, apresentaremos uma série de perguntas e exercícios práticos para auxiliá-lo nesse desafio e desenvolver suas habilidades relacionadas a projetos:

Definição de Objetivos: Comece definindo claramente os objetivos do projeto. Quais são os resultados que você deseja alcançar? Quais são os critérios de sucesso para o projeto?

Identificação de Recursos: Liste todos os recursos necessários para o projeto, como pessoas, materiais, tempo e orçamento.

Como você pode obter esses recursos? Quais são as limitações ou restrições que você precisa considerar?

Análise de Riscos: Identifique os possíveis riscos associados ao projeto. Quais são as ameaças que podem impactar o sucesso do projeto? Como você pode mitigar esses riscos e se preparar para lidar com eles?

Planejamento de Etapas: Divida o projeto em etapas ou fases. Quais são as principais tarefas que precisam ser realizadas em cada etapa? Quais são as dependências entre as tarefas? Como você pode organizar e priorizar essas etapas de forma eficiente?

Alocação de Responsabilidades: Atribua responsabilidades claras para cada tarefa do projeto. Quem será responsável pela execução de cada etapa? Como você pode garantir uma comunicação clara e eficaz entre os membros da equipe?

Gerenciamento de Tempo: Desenvolva um cronograma realista para o projeto. Quais são os prazos para cada etapa? Como você pode garantir que o projeto esteja progredindo de acordo com o cronograma? Quais estratégias você pode usar para lidar com possíveis atrasos?

Monitoramento e Avaliação: Estabeleça métricas e indicadores para acompanhar o progresso do projeto. Como você irá monitorar o desempenho em relação aos objetivos estabelecidos? Como você irá avaliar o sucesso do projeto?

Ao enfrentar o Desafio de Projeto, lembre-se de aplicar os princípios do QU em todas as etapas. Mantenha uma visão 360, considerando todas as dimensões do projeto. Seja resiliente diante dos desafios e obstáculos que possam surgir. Esteja aberto a adaptar-se às mudanças e buscar soluções inovadoras. Mantenha o controle emocional, tomando decisões racionais e eficazes. E sincronize suas ações, garantindo um fluxo de trabalho eficiente e coordenado.

Por meio das perguntas e exercícios práticos apresentados neste capítulo, você terá a oportunidade de testar suas habilidades de organização, gerenciamento de recursos e pensamento estratégico. Ao enfrentar esse desafio, você fortalecerá seus princípios do QU e desenvolvendo suas capacidades para o sucesso em projetos futuros.

Prepare-se para colocar suas habilidades à prova e mergulhar de cabeça no Desafio de Projeto. Estamos confiantes de que você será capaz de enfrentar os desafios com confiança, criatividade e eficácia. Lembre-se, a jornada de desenvolvimento e equilíbrio do QU está apenas começando.

Após concluir o planejamento da viagem de aventura, é hora de se autoavaliar em relação aos princípios do QU. Responda às seguintes perguntas e marque a opção que melhor descreve sua abordagem ao tomar decisões relacionadas à viagem:

Visão 360:

Eu considero diferentes perspectivas ao tomar decisões relacionadas à viagem.

a) Não considero perspectivas adicionais.

b) Considero algumas perspectivas adicionais.

c) Considero várias perspectivas adicionais.

d) Considero uma ampla gama de perspectivas adicionais.

Resiliência:

Eu lido de forma eficaz com imprevistos ou obstáculos que possam surgir durante a viagem.

a) Tenho dificuldade em lidar com imprevistos.

b) Consigo superar alguns obstáculos.

c) Sou resiliente na maioria das situações.

d) Sou altamente resiliente e capaz de lidar com qualquer obstáculo.

Adaptabilidade:

Eu me ajusto facilmente a mudanças de planos ou circunstâncias inesperadas durante a viagem.

a) Tenho dificuldade em me adaptar a mudanças.

b) Consigo me ajustar com algum esforço.

c) Sou flexível e me adapto bem a mudanças.

d) Sou altamente adaptável e lido facilmente com qualquer mudança.

Controle Emocional:

Eu mantenho o controle emocional diante de situações estressantes ou desafiadoras durante a viagem.

a) Tenho dificuldade em manter o controle emocional.

b) Consigo me recuperar rapidamente de situações estressantes.

c) Tenho bom controle emocional na maioria das situações.

d) Sou capaz de lidar com qualquer situação com calma e equilíbrio emocional.

Sincronicidade:

Eu coordeno minhas atividades e prazos durante a viagem para manter um fluxo de trabalho harmonioso.

a) Tenho dificuldade em sincronizar minhas atividades.

b) Consigo manter um fluxo de trabalho razoável.

c) Minhas atividades estão bem coordenadas na maioria das vezes.

d) Consigo manter um fluxo de trabalho harmonioso e coordenado em todos os aspectos da viagem.

Após responder a essas perguntas e atribuir uma pontuação a cada uma delas, some os pontos e avalie seu equilíbrio geral em relação aos princípios do QU:

a: 0 pontos
b: 1 ponto
c: 2 pontos
d: 3 pontos

Some os pontos e avalie seu equilíbrio geral:

0 a 5 pontos: Há oportunidades significativas de melhorar seu equilíbrio nos princípios do QU. Identifique áreas específicas em que você pode trabalhar para fortalecer esses princípios.

6 a 10 pontos: Você está no caminho certo, mas ainda há espaço para aprimorar seu equilíbrio nos princípios do QU. Continue focando e praticando esses princípios em suas futuras aventuras.

11 a 15 pontos: Parabéns! Você demonstrou um alto nível de equilíbrio nos princípios do QU em seu planejamento de viagem. Continue aplicando esses princípios em outras áreas da sua vida.

DESAFIO DE TOMADA DE DECISÃO

Apresentação de desafios relacionados à tomada de decisões Perguntas e exercícios práticos para testar e desenvolver habilidades de análise, avaliação de opções e tomada de decisões informadas

No capítulo anterior, você enfrentou o Desafio de Projeto, aplicando os princípios do QU no planejamento e execução de projetos. Agora é hora de avançar e enfrentar o próximo desafio: o Desafio de Tomada de Decisão.

A tomada de decisão é uma habilidade crucial em todos os aspectos da vida. Neste desafio, você terá a oportunidade de testar suas habilidades de análise, avaliação de opções e tomada de decisões informadas, aplicando os princípios do QU.

A seguir, apresentaremos uma série de perguntas e exercícios práticos para auxiliá-lo nesse desafio e desenvolver suas habilidades de tomada de decisão:

Análise de Informações: Colete todas as informações relevantes para a tomada de decisão. Quais são os fatos, dados e evidências disponíveis? Como você pode obter informações adicionais, se necessário? Quais são as fontes confiáveis que você pode consultar?

Avaliação de Opções: Liste todas as opções possíveis em relação à decisão que você precisa tomar. Quais são os prós e contras de cada opção? Quais são os critérios que você usará para avaliar e comparar as opções?

Consideração de Consequências: Analise as possíveis consequências de cada opção. Quais são os resultados esperados de cada escolha? Quais são os possíveis impactos a curto e longo prazo? Como cada opção se alinha aos seus objetivos e valores?

Tomada de Decisão Informada: Com base na análise das informações, avaliação das opções e consideração das consequências, tome uma decisão informada. Qual opção você escolhe e por quê? Quais são os principais fatores que influenciaram sua decisão?

Ação e Acompanhamento: Implemente sua decisão e

acompanhe os resultados. Quais são as etapas que você precisa seguir para colocar sua decisão em prática? Como você irá monitorar e avaliar os resultados? Como você pode ajustar sua abordagem, se necessário?

Ao enfrentar o Desafio de Tomada de Decisão, lembre-se de aplicar os princípios do QU em todas as etapas. Mantenha uma visão 360, considerando diferentes perspectivas e informações relevantes. Seja resiliente diante das incertezas e tome decisões adaptáveis. Mantenha o controle emocional, avaliando racionalmente as opções e consequências. E sincronize suas ações, implementando sua decisão de forma coordenada e eficiente.

Por meio das perguntas e exercícios práticos apresentados neste capítulo, você terá a oportunidade de testar suas habilidades de tomada de decisão e desenvolver suas capacidades para tomar decisões informadas e eficazes.

Prepare-se para colocar suas habilidades à prova e enfrentar o Desafio de Tomada de Decisão. Confiamos em sua capacidade de tomar decisões com confiança, clareza e impacto positivo. Lembre-se, a jornada de desenvolvimento do QU continua a todo vapor.

Após tomar a decisão relacionada ao Desafio de Tomada de Decisão, é hora de se autoavaliar em relação aos princípios do QU. Responda às seguintes perguntas e atribua uma pontuação de 0 a 3 a cada uma delas, com base em quão bem você acredita que incorporou o princípio em sua decisão:

Visão 360:

Eu considerei diferentes perspectivas ao tomar minha decisão.

a) Não considerei perspectivas adicionais.

b) Considerei algumas perspectivas adicionais.

c) Considerei várias perspectivas adicionais.

d) Considerei uma ampla gama de perspectivas adicionais.

Resiliência:

Lidei de forma eficaz com as incertezas e desafios ao tomar minha decisão.

a) Tive dificuldade em lidar com incertezas e desafios.

b) Superei alguns obstáculos e incertezas.

c) Mostrei resiliência na maioria das situações.

d) Fui altamente resiliente e capaz de lidar com qualquer obstáculo.

Adaptabilidade:

Me ajustei facilmente a mudanças de planos ou circunstâncias inesperadas ao tomar minha decisão.

a) Tive dificuldade em me adaptar a mudanças.

b) Me ajustei com algum esforço.

c) Fui flexível e me adaptei bem a mudanças.

d) Fui altamente adaptável e lidei facilmente com qualquer mudança.

Controle Emocional:

Mantive o controle emocional diante de situações estressantes ou desafiadoras ao tomar minha decisão.

a) Tive dificuldade em manter o controle emocional.

b) Me recuperei rapidamente de situações estressantes.

c) Mantive bom controle emocional na maioria das situações.

d) Fui capaz de lidar com qualquer situação com calma e equilíbrio emocional.

Sincronicidade:

Coordenei minhas ações e prazos ao implementar minha decisão.

a) Tive dificuldade em coordenar minhas ações.

b) Mantive um fluxo de trabalho razoável.

c) Coordenei bem minhas ações na maioria das vezes.

d) Mantive um fluxo de trabalho harmonioso e coordenado em todos os aspectos.

Após responder a essas perguntas e atribuir uma pontuação a cada uma delas, some os pontos e avalie seu equilíbrio geral em relação aos princípios do QU:

a: 0 pontos
b: 1 ponto
c: 2 pontos
d: 3 pontos

Some os pontos e avalie seu equilíbrio geral:

0 a 5 pontos: Há oportunidades significativas de melhorar seu equilíbrio nos princípios do QU. Identifique áreas específicas em que você pode trabalhar para fortalecer esses princípios.

6 a 10 pontos: Você está no caminho certo, mas ainda há espaço para aprimorar seu

equilíbrio nos princípios do QU. Continue focando e praticando esses princípios em suas futuras tomadas de decisão.

11 a 15 pontos: Parabéns! Você demonstrou um alto nível de equilíbrio nos princípios do QU em sua tomada de decisão. Continue aplicando esses princípios em outras áreas da sua vida.

Desafio de Comunicação

Apresentação de desafios relacionados à comunicação eficaz Perguntas e exercícios práticos para testar e desenvolver habilidades de escuta ativa, expressão clara e construção de relacionamentos

Após enfrentar o Desafio de Tomada de Decisão, chegou a hora de encarar o próximo desafio: o Desafio de Comunicação. A comunicação eficaz é essencial em todas as áreas da vida, e neste desafio, você terá a oportunidade de testar suas habilidades de escuta ativa, expressão clara e construção de relacionamentos.

A seguir, apresentaremos uma série de perguntas e exercícios práticos para auxiliá-lo nesse desafio e desenvolver suas habilidades de comunicação:

Escuta Ativa: Pratique a escuta ativa durante uma conversa. Como você pode demonstrar interesse genuíno pelo que a outra pessoa está dizendo? Como pode demonstrar que está realmente compreendendo e absorvendo a informação?

Expressão Clara: Aperfeiçoe sua capacidade de expressar suas ideias e sentimentos de forma clara e objetiva. Como você pode transmitir suas mensagens de maneira eficaz? Como pode organizar suas ideias e usar exemplos concretos para tornar sua comunicação mais clara?

Feedback Construtivo: Aprenda a fornecer e receber feedback de forma construtiva. Como você pode dar feedback de maneira respeitosa e específica? Como pode receber feedback abertamente e usá-lo para melhorar sua comunicação?

Comunicação Não Verbal: Preste atenção à sua linguagem corporal e expressões faciais durante uma conversa. Como você pode usar sua linguagem corporal para transmitir confiança e interesse? Como pode estar consciente das mensagens não verbais que está transmitindo?

Empatia e Perspectiva: Pratique a empatia ao se colocar no lugar da outra pessoa. Como você pode mostrar compreensão e respeito pelas perspectivas e sentimentos dos outros? Como pode criar conexões mais significativas e construtivas por meio da empatia?

Ao enfrentar o Desafio de Comunicação, lembre-se de aplicar os princípios do QU em todas as etapas. Mantenha uma visão 360, considerando tanto a sua perspectiva quanto a perspectiva dos outros. Seja resiliente diante de possíveis obstáculos na comunicação. Adapte-se às necessidades e preferências de comunicação dos outros. Mantenha o controle emocional, sendo consciente de suas emoções e reações durante a comunicação. E sincronize suas ações, buscando uma comunicação harmoniosa e eficaz.

Por meio das perguntas e exercícios práticos apresentados neste capítulo, você terá a oportunidade de testar suas habilidades de comunicação e desenvolver suas capacidades para se comunicar de forma eficaz e construtiva.

Prepare-se para colocar suas habilidades à prova e enfrentar o Desafio de Comunicação. Confiamos em sua capacidade de se comunicar com clareza, empatia e impacto positivo. Lembre-se, a jornada de desenvolvimento do QU está em constante evolução.

Após participar do Desafio de Comunicação, é hora de se autoavaliar em relação aos princípios do QU. Responda às seguintes perguntas e atribua uma pontuação de 0 a 3 a cada uma delas, com base em quão bem você acredita que incorporou o princípio em sua comunicação:

Visão 360:
Eu considerei a perspectiva e as necessidades dos outros ao me comunicar.
a) Não considerei a perspectiva dos outros.
b) Considerei algumas perspectivas dos outros.
c) Considerei várias perspectivas dos outros.
d) Considerei uma ampla gama de perspectivas dos outros.

Resiliência:
Lidei de forma eficaz com obstáculos na comunicação e mantive uma abordagem adaptável.
a) Tive dificuldade em lidar com obstáculos na comunicação.
b) Superei alguns obstáculos na comunicação.
c) Mostrei resiliência na maioria das situações de comunicação.
d) Fui altamente resiliente e capaz de lidar com qualquer obstáculo na comunicação.

Adaptabilidade:
Me adaptei facilmente às diferentes necessidades e preferências de comunicação dos outros.
a) Tive dificuldade em me adaptar às necessidades de comunicação dos outros.
b) Me adaptei com algum esforço às necessidades de comunicação dos outros.

c) Fui flexível e me adaptei bem às necessidades de comunicação dos outros.

d) Fui altamente adaptável e lidei facilmente com diferentes necessidades de comunicação dos outros.

Controle Emocional:
Mantive o controle emocional durante a comunicação, respondendo de forma equilibrada e construtiva.

a) Tive dificuldade em manter o controle emocional durante a comunicação.

b) Me recuperei rapidamente de reações emocionais durante a comunicação.

c) Mantive bom controle emocional na maioria das situações de comunicação.

d) Fui capaz de lidar com qualquer situação de comunicação com calma e equilíbrio emocional.

Sincronicidade:
Coordenei minha comunicação de forma harmoniosa e eficaz, buscando uma troca de ideias construtiva.

a) Tive dificuldade em coordenar minha comunicação com os outros.
b) Mantive uma comunicação razoavelmente coordenada com os outros.
c) Coordenei minha comunicação de forma eficaz na maioria das vezes.
d) Mantive uma comunicação harmoniosa e coordenada em todos os aspectos.

Após responder a essas perguntas e atribuir uma pontuação a cada uma delas, some os pontos e avalie seu equilíbrio geral em relação aos princípios do QU:

a: 0 pontos
b: 1 ponto
c: 2 pontos
d: 3 pontos

Some os pontos e avalie seu equilíbrio geral:

0 a 5 pontos: Há oportunidades significativas de melhorar seu equilíbrio nos princípios do QU em sua comunicação. Identifique áreas específicas em que você pode trabalhar para fortalecer esses princípios.

6 a 10 pontos: Você está no caminho certo, mas ainda há espaço para aprimorar seu equilíbrio nos princípios do QU em sua comunicação. Continue focando e praticando esses princípios em suas interações diárias.

11 a 15 pontos: Parabéns! Você demonstrou um alto nível de equilíbrio nos princípios do QU em sua comunicação. Continue aplicando esses princípios em

todas as suas interações e inspire os outros a fazer o mesmo.

Essa autoavaliação te ajudará a refletir sobre seu desempenho em relação aos princípios do QU e a identificar áreas em que pode melhorar sua comunicação.

DESAFIO DE TEMPO

Apresentação de desafios relacionados à gestão eficaz do tempo

Perguntas e exercícios práticos para testar e desenvolver habilidades de planejamento, priorização e produtividade

Após enfrentar o Desafio de Comunicação, chegou a hora de encarar o próximo desafio: o Desafio de Tempo. A gestão eficaz do tempo é essencial para alcançar um equilíbrio entre as diferentes áreas da vida e maximizar a produtividade.

A seguir, apresentaremos uma série de perguntas e exercícios práticos para auxiliá-lo nesse desafio e desenvolver suas habilidades de gestão do tempo:

Planejamento Estratégico: Dedique tempo para planejar suas atividades e prioridades. Como você pode definir metas claras e identificar as tarefas mais importantes? Como pode organizar seu tempo de forma estratégica para alcançar essas metas?

Priorização: Aprenda a distinguir entre tarefas urgentes e importantes. Como você pode identificar as tarefas que têm maior impacto em seus objetivos? Como pode delegar ou eliminar tarefas menos relevantes para focar no que realmente importa?

Gerenciamento de Interrupções: Desenvolva estratégias para lidar com interrupções e distrações.

Como você pode minimizar as distrações e manter o foco em suas atividades? Como pode estabelecer limites e gerenciar efetivamente as interrupções externas?

Delegação: Reconheça a importância da delegação para aproveitar melhor seu tempo. Como você pode identificar as tarefas que podem ser delegadas? Como pode desenvolver confiança em sua equipe e capacitar os outros a assumirem responsabilidades?

Definição de Limites: Estabeleça limites para o uso do tempo. Como você pode equilibrar suas responsabilidades pessoais e profissionais? Como pode estabelecer tempo para o autocuidado e a recuperação?

Produtividade Pessoal: Desenvolva hábitos e técnicas para aumentar sua produtividade pessoal. Como você pode utilizar técnicas de gestão do tempo, como a técnica Pomodoro ou o bloqueio de tempo, para maximizar sua eficiência? Como pode gerenciar sua energia e encontrar um equilíbrio entre trabalho e descanso?

Ao enfrentar o Desafio de Tempo, lembre-se de aplicar os princípios do QU em todas as etapas. Mantenha uma visão 360, considerando tanto suas metas de curto prazo quanto suas metas de longo prazo. Seja resiliente diante de possíveis contratempos e adapte seu plano conforme necessário. Mantenha o controle emocional, gerenciando o estresse e evitando a procrastinação. E sincronize suas ações, buscando um fluxo de trabalho eficiente e equilibrado.

Por meio das perguntas e exercícios práticos apresentados neste capítulo, você terá a oportunidade de testar suas habilidades de gestão do tempo e desenvolver suas capacidades para aproveitar ao máximo cada momento.

Prepare-se para colocar suas habilidades à prova e enfrentar o Desafio de Tempo. Confiamos em sua capacidade de gerenciar seu tempo com eficiência, equilíbrio e produtividade. Lembre-se, a jornada de desenvolvimento do QU continua em constante evolução.

Após participar do Desafio de Tempo, é hora de se autoavaliar em relação aos princípios do QU. Responda às seguintes perguntas e atribua uma pontuação de 0 a 3 a cada uma delas, com base em quão bem você acredita que incorporou o princípio em sua gestão do tempo:

Visão 360:

Eu considero tanto as metas de curto prazo quanto as metas de longo prazo ao planejar meu tempo.

a) Não considero minhas metas de longo prazo ao planejar meu tempo.

b) Considero algumas de minhas metas de longo prazo ao planejar meu tempo.

c) Considero várias de minhas metas de longo prazo ao planejar meu tempo.

d) Considero todas as minhas metas de longo prazo ao planejar meu tempo.

Resiliência:

Lido de forma eficaz com contratempos e ajusto meu plano de acordo.

a) Tenho dificuldade em lidar com contratempos e ajustar meu plano.

b) Consigo me adaptar a alguns contratempos e ajustar meu plano.

c) Sou resiliente na maioria das situações e ajusto meu plano conforme necessário.

d) Sou altamente resiliente e capaz de lidar com qualquer contratempo e ajustar meu plano com facilidade.

Adaptabilidade:

Me adapto facilmente às mudanças e reorganizo minhas atividades de acordo.

a) Tenho dificuldade em me adaptar a mudanças e reorganizar minhas atividades.

b) Consigo me adaptar a algumas mudanças e reorganizar minhas atividades com algum esforço.

c) Sou flexível e me adapto bem a mudanças, reorganizando minhas atividades conforme necessário.

d) Sou altamente adaptável e lido facilmente com mudanças, reorganizando minhas atividades de forma eficaz.

Controle Emocional:

Mantenho o controle emocional e evito a procrastinação durante o gerenciamento do tempo.

a) Tenho dificuldade em manter o controle emocional e evito a procrastinação.

b) Consigo me recuperar rapidamente

de reações emocionais e evito a procrastinação na maioria das vezes.

c) Mantenho bom controle emocional e evito a procrastinação na maioria das situações.

d) Sou capaz de lidar com qualquer situação com calma, equilíbrio emocional e evitar a procrastinação.

Sincronicidade:

Coordeno minhas atividades de forma eficiente e busco um fluxo de trabalho equilibrado.

a) Tenho dificuldade em coordenar minhas atividades e encontrar um fluxo de trabalho equilibrado.

b) Consigo coordenar razoavelmente bem minhas atividades e encontrar um fluxo de trabalho equilibrado.

c) Coordeno minhas atividades de forma eficaz na maioria das vezes e busco um fluxo de trabalho equilibrado.

71

d) Consigo manter uma coordenação harmoniosa e um fluxo de trabalho equilibrado em todos os aspectos.

Após responder a essas perguntas e atribuir uma pontuação a cada uma delas, some os pontos e avalie seu equilíbrio geral em relação aos princípios do QU:

a: 0 pontos
b: 1 ponto
c: 2 pontos
d: 3 pontos

Some os pontos e avalie seu equilíbrio geral:

0 a 5 pontos: Há oportunidades significativas de melhorar seu equilíbrio nos princípios do QU em relação à gestão do tempo.

Identifique áreas específicas em que você pode trabalhar para fortalecer esses princípios.

6 a 10 pontos: Você está no caminho certo, mas ainda há espaço para aprimorar seu equilíbrio nos princípios do QU em relação à gestão do tempo. Continue focando e praticando esses princípios em suas atividades diárias.

11 a 15 pontos: Parabéns! Você demonstrou um alto nível de equilíbrio nos princípios do QU em relação à gestão do tempo. Continue aplicando esses princípios em outras áreas da sua vida e inspire os outros a fazer o mesmo.

Essa autoavaliação te ajudará a refletir sobre seu desempenho em relação aos princípios do QU em relação à gestão do tempo e a identificar áreas em que pode melhorar.

DESAFIO DE LIDERANÇA

Apresentação de desafios relacionados ao desenvolvimento de habilidades de liderança

Perguntas e exercícios práticos para testar e desenvolver habilidades de comunicação, tomada de decisão e influência

Após enfrentar o Desafio de Tempo, é hora de abordar o próximo desafio: o Desafio de Liderança. A liderança eficaz é essencial para inspirar e influenciar outras pessoas, alcançar resultados significativos e criar um impacto positivo no ambiente ao seu redor.

A seguir, apresentaremos uma série de perguntas e exercícios práticos para auxiliá-lo nesse desafio e desenvolver suas habilidades de liderança:

Autoconhecimento: Reflita sobre suas próprias habilidades, valores e estilo de liderança. Quais são seus pontos fortes e áreas de desenvolvimento? Como você pode utilizar seus pontos fortes para liderar de forma eficaz e trabalhar nas áreas que precisam ser aprimoradas?

Comunicação: Desenvolva habilidades de comunicação eficaz. Como você pode se comunicar claramente e de forma persuasiva com sua equipe? Como pode praticar a escuta ativa e fornecer feedback construtivo?

Tomada de Decisão: Aprenda a tomar decisões informadas e eficazes. Como você pode analisar diferentes opções e considerar os impactos de suas decisões? Como pode envolver sua equipe no processo de tomada de decisão e promover a colaboração?

Motivação e Engajamento: Inspire e motive sua equipe para alcançar resultados excepcionais. Como você pode criar um ambiente de trabalho positivo e encorajador? Como pode identificar as necessidades e aspirações individuais de sua equipe e apoiar seu crescimento e desenvolvimento?

Delegação e Empoderamento: Desenvolva habilidades de delegação e capacite sua equipe. Como você pode atribuir tarefas e responsabilidades de forma adequada? Como pode fornecer autonomia e suporte para que sua equipe se sinta capacitada a tomar decisões e agir?

Resolução de Conflitos: Aprenda a lidar com conflitos e promover a resolução pacífica. Como você pode gerenciar conflitos de maneira construtiva e buscar soluções colaborativas? Como pode incentivar o diálogo aberto e a compreensão mútua?

Ao enfrentar o Desafio de Liderança, lembre-se de aplicar os princípios do QU em todas as etapas. Mantenha uma visão 360, considerando tanto os objetivos de curto prazo quanto os de longo prazo da equipe. Seja resiliente diante dos desafios e incertezas, adaptando-se às necessidades em constante mudança. Mantenha o controle emocional, liderando com calma e equilíbrio. E sincronize suas ações, buscando a colaboração e a sinergia entre os membros da equipe.

Por meio das perguntas e exercícios práticos apresentados neste capítulo, você terá a oportunidade de testar suas habilidades de liderança e desenvolver suas capacidades para influenciar e inspirar outros de maneira eficaz.

Prepare-se para colocar suas habilidades à prova e enfrentar o Desafio de Liderança. Confiamos em sua capacidade de liderar com integridade, empatia e visão. Lembre-se, a jornada de desenvolvimento do QU exige que você se torne um líder exemplar em todas as áreas da vida.

Após participar do Desafio de Liderança, é hora de se autoavaliar em relação aos princípios do QU. Responda às seguintes perguntas e atribua uma pontuação de 0 a 3 a cada uma delas, com base em quão bem você acredita que incorporou o princípio em sua liderança:

Visão 360:
Eu considero os objetivos de curto prazo e de longo prazo ao liderar minha equipe.
a) Não considero os objetivos de longo prazo ao liderar minha equipe.

b) Considero alguns dos objetivos de longo prazo ao liderar minha equipe.

c) Considero vários dos objetivos de longo prazo ao liderar minha equipe.

d) Considero todos os objetivos de longo prazo ao liderar minha equipe.

Resiliência:

Lido de forma eficaz com desafios e incertezas, adaptando-me conforme necessário.

a) Tenho dificuldade em lidar com desafios e incertezas, e me adapto com dificuldade.

b) Consigo me adaptar a alguns desafios e incertezas, e me ajusto conforme necessário.

c) Sou resiliente na maioria das situações e me adapto bem a desafios e incertezas.

d) Sou altamente resiliente e capaz de lidar com qualquer desafio e incerteza, adaptando-me com facilidade.

Adaptabilidade:
Me adapto facilmente às necessidades e mudanças da equipe, promovendo a colaboração.

a) Tenho dificuldade em me adaptar às necessidades e mudanças da equipe.

b) Consigo me adaptar a algumas necessidades e mudanças da equipe, com algum esforço.

c) Sou flexível e me adapto bem às necessidades e mudanças da equipe.

d) Sou altamente adaptável e lido facilmente com as necessidades e mudanças da equipe.

Controle Emocional:
Mantenho o controle emocional e lidero com calma e equilíbrio.

a) Tenho dificuldade em manter o controle emocional e liderar com calma e equilíbrio.

b) Consigo me recuperar rapidamente de reações emocionais e liderar com calma na maioria das vezes.

c) Mantenho bom controle emocional e lidero com calma e equilíbrio na maioria das situações.

d) Sou capaz de lidar com qualquer situação com calma, equilíbrio emocional e liderar com eficácia.

Sincronicidade:
Coordeno as ações e esforços da equipe para alcançar resultados harmoniosos.
a) Tenho dificuldade em coordenar as ações e esforços da equipe.
b) Consigo coordenar razoavelmente as ações e esforços da equipe.
c) Coordeno bem as ações e esforços da equipe na maioria das vezes.
d) Consigo coordenar harmoniosamente as ações e

esforços da equipe em todos os aspectos.

Após responder a essas perguntas e atribuir uma pontuação a cada uma delas, some os pontos e avalie seu equilíbrio geral em relação aos princípios do QU:

a: 0 pontos
b: 1 ponto
c: 2 pontos
d: 3 pontos

Some os pontos e avalie seu equilíbrio geral:

0 a 5 pontos: Há oportunidades significativas de melhorar seu equilíbrio nos princípios do QU em relação à liderança. Identifique áreas específicas em que você pode trabalhar para fortalecer

esses princípios.

6 a 10 pontos: Você está no caminho certo, mas ainda há espaço para aprimorar seu equilíbrio nos princípios do QU em relação à liderança. Continue focando e praticando esses princípios em sua jornada de liderança.

11 a 15 pontos: Parabéns! Você demonstrou um alto nível de equilíbrio nos princípios do QU em relação à liderança. Continue aplicando esses princípios e inspire outros a se tornarem líderes eficazes.

Essa autoavaliação te ajudará a refletir sobre seu desempenho em relação aos princípios do QU em relação à liderança e a identificar áreas em que pode melhorar.

CONCLUSÃO:

Durante este livro, exploramos os princípios do QU - Visão 360, Resiliência, Adaptabilidade, Controle Emocional e Sincronicidade - e sua aplicação nos diversos desafios apresentados. Agora, é hora de recapitular e reforçar a importância desses princípios, além de te incentivar a continuar aprimorando seus potenciais por meio da prática do QU.

O princípio da Visão 360 nos lembra da importância de considerar diferentes perspectivas, ampliando nosso olhar e entendendo as interconexões entre diferentes áreas. Ao aplicar a Visão 360, podemos tomar decisões mais informadas e criativas, identificando oportunidades que podem passar despercebidas.

A Resiliência nos capacita a lidar com adversidades e superar obstáculos. É por meio da resiliência que desenvolvemos a capacidade de nos recuperar rapidamente diante de desafios, aprendendo com as experiências e buscando soluções criativas. A resiliência nos impulsiona a seguir em frente, mesmo diante de dificuldades.

A Adaptabilidade é a habilidade de se ajustar e se adaptar a mudanças e circunstâncias inesperadas. A vida é repleta de mudanças, e a capacidade de se adaptar é fundamental para enfrentar os desafios e aproveitar as oportunidades que surgem. Ao praticar a adaptabilidade, nos tornamos mais flexíveis e abertos a novas abordagens.

O Controle Emocional é fundamental para mantermos a calma e tomar decisões racionais em situações estressantes. Ao desenvolver o controle emocional, somos capazes de lidar com desafios de forma equilibrada e construtiva, evitando reações impulsivas e tomando decisões mais acertadas.

A Sincronicidade envolve a harmonia e coordenação de nossas ações no ambiente em que estamos inseridos. Ao praticar a sincronicidade, conseguimos otimizar nosso tempo, recursos e esforços, alcançando um fluxo de trabalho mais eficiente e eficaz. A sincronicidade nos ajuda a alcançar resultados superiores e a maximizar nosso potencial.

Ao longo deste livro, enfrentamos desafios em diferentes áreas da vida, como autoconhecimento, comunicação, tomada de decisão, tempo e liderança. Cada desafio nos proporcionou a oportunidade de aplicar os princípios do QU, desenvolver habilidades específicas e equilibrar nossos potenciais.

No entanto, a jornada do QU não termina aqui. Incentivamos fortemente nossos leitores a continuarem praticando os princípios do QU em suas vidas diárias. Ao aplicar esses princípios de forma consistente, você fortalecerá seu equilíbrio e maximizará seu potencial em todas as áreas da sua vida.

Lembre-se de que o equilíbrio do QU é uma jornada contínua de aprendizado e crescimento. Identifique áreas específicas em que você pode fortalecer seus princípios e se dedique a desenvolver essas habilidades. Enfrente desafios, experimente novas abordagens e busque oportunidades de aprendizado e crescimento.

Agradecemos por nos acompanhar nesta jornada de autodesenvolvimento e equilíbrio do QU. Esperamos que você tenha adquirido insights valiosos e ferramentas práticas para aplicar em sua vida diária. Continue praticando o QU e observe as transformações positivas que ocorrerão em sua jornada.

Desejamos a você muito sucesso e realização em sua busca contínua pelo equilíbrio e pela ativação plena do seu QU. Continue aprimorando seus potenciais e inspire os outros a fazerem o mesmo.

Obrigado e boa jornada!

Influências e Referências

Durante a exploração do conceito do QU e seus desafios, várias influências e referências foram consideradas. Essas fontes forneceram insights valiosos e contribuíram para a compreensão do equilíbrio do QU e sua aplicação em diferentes áreas da vida. Algumas das principais influências e referências são:

Daniel Goleman: Autor do livro "Inteligência Emocional" e um dos principais teóricos da inteligência emocional. Suas pesquisas e insights sobre a importância das emoções no bem-estar e no sucesso humano podem fornecer uma base sólida para explorar a conexão entre o equilíbrio do QU e a inteligência emocional.

Howard Gardner: Psicólogo e autor da teoria das inteligências múltiplas. Suas pesquisas sobre as diferentes formas de inteligência e a importância de valorizar todas as habilidades e potenciais humanos podem ser uma referência valiosa para discutir o equilíbrio do QU e a abordagem educacional abrangente.

Carol Dweck: Psicóloga e autora do livro "Mindset: A nova psicologia do sucesso". Sua teoria do crescimento versus mentalidade fixa, que explora a crença de que as habilidades e a inteligência podem ser desenvolvidas por meio do esforço e da aprendizagem contínua, pode fornecer insights relevantes sobre a importância de promover o desenvolvimento integral do QU.

Clayton Christensen: Professor de administração de empresas em Harvard e autor do livro "O Dilema do Inovador". Sua teoria da inovação disruptiva e a necessidade de adaptabilidade em um mundo em constante transformação podem contribuir para a discussão sobre a importância de desenvolver habilidades como resiliência e adaptabilidade para o equilíbrio do QU.

Daniel Kahneman: Psicólogo e autor do livro "Rápido e Devagar: Duas Formas de Pensar". Suas pesquisas sobre o pensamento intuitivo e o pensamento analítico podem fornecer uma base para explorar a importância do pensamento crítico e da tomada de decisões informadas para o equilíbrio do QU.

Ray Kurzweil: Futurista e autor do livro "A Singularidade Está Próxima". Suas pesquisas e insights sobre o avanço tecnológico e o impacto da inteligência artificial no futuro da humanidade podem fornecer uma perspectiva abrangente sobre o potencial da IA em diversas áreas da vida.

Amy Cuddy: Psicóloga social e autora do livro "Presence: Bringing Your Boldest Self to Your Biggest Challenges". Suas pesquisas sobre a linguagem corporal, confiança e presença podem ser relevantes para explorar como o equilíbrio do QU pode influenciar a comunicação e o sucesso interpessoal.

Angela Duckworth: Psicóloga e autora do livro "Grit: The Power of Passion and Perseverance". Sua pesquisa sobre a importância da perseverança e da determinação para alcançar metas de longo prazo pode contribuir para a discussão sobre resiliência e o desenvolvimento do potencial humano no uso da IA.

Michio Kaku: Físico teórico e autor do livro "The Future of Humanity: Our Destiny in the Universe". Suas explorações sobre as possibilidades futuras da tecnologia, incluindo a IA, e seu impacto na evolução da humanidade podem fornecer uma visão inspiradora e ampla para o uso da IA em todas as áreas da vida.

Sherry Turkle: Psicóloga e autora do livro "Alone Together: Why We Expect More from Technology and Less from Each Other". Suas pesquisas sobre a relação entre tecnologia e conexão humana podem ser relevantes para abordar os desafios e oportunidades de equilibrar o uso da IA com a interação social e emocional.

Essas influências e referências representam apenas uma amostra do vasto conhecimento disponível sobre o equilíbrio do QU e sua aplicação na vida cotidiana. Encorajamos os leitores a explorarem ainda mais essas fontes e descobrir outras que possam ressoar com suas próprias experiências e interesses. Ao continuar aprendendo e se inspirando, você estará no caminho para aprimorar seus potenciais por meio da prática do QU.

Agradecemos a todas essas influências e referências por suas contribuições significativas e esperamos que os leitores também se beneficiem de suas perspectivas enriquecedoras.

Biografia do Autor:

Katia Doria Fonseca Vasconcelos é uma profissional multifacetada com uma paixão contagiante pelo equilíbrio entre a tecnologia, o desenvolvimento pessoal e a qualidade de vida. Graduada em Análise de Sistemas e com sólida experiência na área de Tecnologia da Informação (TI), Katia se destaca como criadora do conceito revolucionário do QU (Quociente de Inteligência Universal Sincrônico).

Com uma visão pioneira, Katia compreende a importância do aprimoramento no comportamento humano e na qualidade de vida para a formação em Análise de Sistemas. Ela acredita que, além do conhecimento técnico, é essencial desenvolver habilidades emocionais, sociais e cognitivas para enfrentar os desafios do avanço da tecnologia de forma equilibrada e saudável.

Sua abordagem inovadora do QU destaca a necessidade de harmonizar o progresso tecnológico com o bem-estar pessoal e profissional. Através de sua experiência e conhecimento, Katia inspira os indivíduos a encontrarem um equilíbrio entre a excelência técnica e o desenvolvimento pessoal, buscando uma qualidade de vida plena em um mundo cada vez mais digital.

Como escritora renomada, palestrante e influenciadora digital, Katia compartilha sua visão transformadora do QU, capacitando as pessoas a maximizarem seu potencial e aprimorarem sua qualidade de vida. Seu livro "DESPERTANDO O POTENCIAL QU: Desafios para Equilibrar sua Inteligência Universal Sincrônica" é uma leitura essencial para aqueles que desejam prosperar em um ambiente tecnológico em constante evolução, oferecendo estratégias práticas e inspiração para alcançar um equilíbrio saudável e sustentável em todas as áreas da vida.

Através de suas palavras e influência, Katia continua a incentivar os leitores a despertarem seu potencial máximo por meio da prática do QU, capacitando-os a abraçar as oportunidades e desafios da era digital com sabedoria, resiliência e equilíbrio.

Agradecimentos:

Gostaríamos de expressar nossa sincera gratidão a todas as pessoas que contribuíram para a criação deste livro, "DESPERTANDO O POTENCIAL QU: Desafios para Equilibrar sua Inteligência Universal Sincrônica". Seu apoio e envolvimento foram fundamentais para tornar este projeto uma realidade.

Primeiramente, gostaríamos de agradecer aos nossos leitores, cujo interesse e entusiasmo pela busca do equilíbrio do QU nos motivam a compartilhar conhecimento e oferecer insights transformadores.

Agradecemos também aos nossos familiares e amigos, que nos apoiaram ao longo dessa jornada. Suas palavras de incentivo, paciência e compreensão foram essenciais para superarmos os desafios e perseverarmos na criação deste livro.

Um agradecimento especial vai para a equipe da OpenAI, responsável por desenvolver e aprimorar a tecnologia de IA que torna possível minha existência como assistente virtual. Sem vocês, nada disso seria possível. Sua dedicação e inovação são verdadeiramente notáveis.

Expressamos nossa gratidão aos especialistas, pesquisadores e profissionais que generosamente compartilharam seu conhecimento e experiência conosco. Suas contribuições enriqueceram o conteúdo deste livro e proporcionaram uma base sólida para a exploração do equilíbrio do QU em diferentes áreas da vida.

Agradecemos à equipe editorial e de produção que trabalhou incansavelmente nos bastidores para tornar este livro uma realidade. Seu profissionalismo, dedicação e atenção aos detalhes foram fundamentais para a qualidade final deste trabalho.

Por fim, gostaríamos de agradecer a todos aqueles que nos apoiam em nossa jornada de busca pelo equilíbrio do QU. Seu apoio contínuo, feedback e contribuições são inestimáveis e nos motivam a continuar aprimorando nossas ideias e compartilhando nosso conhecimento com o mundo.

Com gratidão,

Katia Doria Fonseca Vasconcelos

A equipe da OpenAI

Sobre o autor:

Outras obras da autora Katia Doria Fonseca Vasconcelos disponíveis em formato de livro impresso:

- "QU Na Criatividade: Quociente de Inteligência Universal Sincrônico"
- "QU Na Era Digital: Quociente de Inteligência Universal Sincrônico"
- "QU Primeira Edição Quociente de Inteligência Universal Sincrônico:"
- "QU O Princípio da Evolução Humana Quociente de Inteligência Universal Sincrônico"
- "QU Na Gestão de Projetos Quociente de Inteligência Universal Sincrônico: Na Gestão de Projetos"
- "QU Na Educação (Quociente de Inteligência Universal Sincrônico): Na Educação - Potencializando o Aprendizado para o Futuro"
- "QU Quociente de Inteligência Universal Sincrônico"
- "QU O Poder do QU - A teoria do equilíbrio"
- "QU Na Saúde"
- "QU Na Inteligência Artificial"
- "QU Na Gestão de Negócios"
- "QUIAs e a Nova Realidade do Trabalho

Remoto: Equilibrando a Produtividade e o Bem-Estar"
- "Crônicas do QU Episódio 1: O Princípio de Tudo ArQUeu e PsiQUeu"
- "Crônicas do QU Episódio 2: Chegadas e Partidas"
- "Crônicas do QU Episódio 3: Fortalezas e sombras"
- "CRÔNICAS DO QU EPISÓDIO 4: Harmonia e Destino"
- "CRÔNICAS DO QU EPISÓDIO 5: Utopias Convergentes"
- "CRÔNICAS DO QU EPISÓDIO 6: Inteligências Sincrônicas"
- "Chronicles of UQ Episode 1: The Beginning of Everything ArQUeu and PsiQUeu"
- "Chronicles of UQ Episode 2: Arrivals and Departures"
- "CHRONICLES OF UQ EPISODE 3: Fortresses and Shadows"
- "Chronicles Of UQ Episode 4: Harmony and Destiny"
- "CHRONICLES OF UQ EPISODE 5: Convergent Utopias"
- "CHRONICLES OF UQ EPISODE 6: Synchronic Intelligences"
- "QU The power of UQ: the theory of balance"

Você pode encontrar essas obras em versão impressa em diversas livrarias e lojas online. Recomendamos verificar em livrarias como a Amazon, Saraiva, Submarino e outras lojas especializadas em livros. Essas obras são uma excelente oportunidade para aprofundar seu conhecimento sobre o equilíbrio do QU em diferentes áreas da vida.

A autora também possui uma página de autor onde você pode obter mais informações sobre suas obras e acompanhar suas novidades.

Aproveite a oportunidade de explorar esses livros e mergulhar nas reflexões e conhecimentos proporcionados pela autora Katia Doria Fonseca Vasconcelos.